Sitzungsberichte
der Akademie der Wissenschaften
der DDR
Mathematik — Naturwissenschaften — Technik

Jahrgang 1989 · Nr. 6/N

Bernd Nilius

Ionenkanäle in erregbaren Membranen – funktionelle Eigenschaften und Modulation myokardialer Natrium-Kanäle

AKADEMIE-VERLAG BERLIN
1989

Vortrag von Prof. Dr. sc. rer. nat.
Bernd Nilius, Julius-Bernstein-Institut
für Physiologie der Martin-Luther-Universität
Halle-Wittenberg, gehalten in der
Sitzung der Klasse Biowissenschaften
der Akademie der Wissenschaften der DDR
am 15. Dezember 1988

Herausgegeben im Auftrage
des Präsidenten der Akademie
der Wissenschaften der DDR
von Vizepräsident Prof. Dr. Hans-Heinz Emons

ISBN 3-05-500529-5
ISSN 0138-3965

Erschienen im Akademie-Verlag Berlin, Leipziger Straße 3–4, DDR-1086 Berlin

Lizenznummer: 202 · 100/302/90
Printed in the German Democratic Republic
Gesamtherstellung: VEB Druckhaus Köthen
LSV 2015
Bestellnummer: 7640857 (2010/89/6/N)

Einleitung

Spezifische Zellfunktionen wie Sekretion, Kontraktion, Erzeugung elektrischer Impulse zur Informationsübertragung auf andere Zellen werden durch ein Informationssystem getriggert, welches an das Öffnen oder Schließen membranärer Kanäle gekoppelt ist. Kanäle sind Proteine, die auf einen bestimmten Reiz, nämlich eine extrazelluläre Information wie Änderungen eines elektrischen Feldes, Vorhandensein spezieller chemischer Substanzen (z.B. Neurotransmitter) oder auch mechanische Signale wie Dehnung oder Scherung, eine Pore in einer Membran bilden können. Unsere bisherige Kenntnis über den molekularen Aufbau solcher Kanalproteine läßt die Vermutung zu, daß wenigstens für Kanäle, die durch eine Änderung eines elektrischen Feldes („spannungsabhängige" Kanäle) und solche, die durch Bindung eines Liganden („ligandenabhängige" Kanäle) geschaltet werden, jeweils ein einheitlicher Bauplan existiert. Die Vielzahl bekannter Ionenkanäle ist damit in zwei „Superfamilien" von Kanaltypen einzuordnen (Stevens 1987).

Ein funktionell besonders wichtiger Ionenkanal aus der Familie der spannungsabhängigen Kanäle ist ein für Na-Ionen relativ hochselektiver Kanal. Dieser Na-Kanal der in der Evolution erst spät erscheint (Hille 1984), vermittelt über eine Ausbildung von schnellen elektrischen Spannungsänderungen (Aktionspotentialen) einen extrem schnellen Informationstransfer und eine rasche Informationskodierung. Dieser Kanal erzeugt die „Erregung" der klassischen Physiologie (Bernstein 1868, 1871).

In der vorliegenden Arbeit wird auf molekularer Ebene eine funktionelle Analyse des Na-Kanalproteins am Herzmuskel vorgestellt. Myokardiale Na-Kanäle vermitteln die rasche Erregungsausbreitung über das Myokard und ermöglichen erst die koordinierte Herztätigkeit. Fehlfunktionen der Herzaktion sind vielfach an Eigenschaften dieses Kanalproteins gekoppelt. Eine große Zahl sowohl antiarrhythmisch als auch positiv inotrop (kardioton) wirksamer Pharmaka beeinflußt selektiv Na-Kanäle. Es ist deshalb angezeigt, zu einem wirklichen Verständnis der Funktion des einzelnen Kanalproteins zu gelangen. Im folgenden werden drei Gruppen von Ergebnissen vorgestellt, die eigene Arbeiten aus den Jahren 1985 bis 1988 betreffen.

Es werden a) Eigenschaften offener Na-Kanäle besprochen, die enge Beziehungen zum Permeationsmechanismus besitzen und Selektivität erklären, b) Eigenschaften des kinetischen Schaltverhaltens von Na-Kanälen, und c) Modulation des Schaltverhaltens von Na-Kanälen, die pharmakologisch nutzbare Effekte auf das Myokard erzeugen.

Auf spezielle molekulare Aspekte und perspektivische Entwicklungen wird resümierend hingewiesen werden.

Methoden

Mittels einer von E. Neher und B. Sakmann am Max-Planck-Institut in Göttingen entwickelten Methode (der „patch clamp" Technik) können in biologischen Membranen Ionenströme durch individuelle Kanalproteine erfaßt werden (Hamill et al. 1981, Sakmann und Neher 1983). Alle vorliegenden Untersuchungen wurden an isolierten ventrikulären Herzmuskelzellen von adulten Meerschweinchen durchgeführt (Abb. 1). Durch Nutzung extrem dünner Glaspipetten mit Spitzdurchmessern von weniger als 1 μm und Widerstandswerten um 20—50 MΩ konnten trotz der relativ großen Dichte von Na-Kanälen am Myokard (etwa 5—10/μm^2) Membranareale mit nur einem oder zwei Kanälen untersucht werden. In Abbildung 1 wird eine isolierte ventrikuläre Herzmuskelzelle gezeigt. Darüber ist eine Glaspipette zu sehen. Durch Aufsetzen der Glaspipette auf die Zelle wird ein Membranareal („Patch") elektrisch

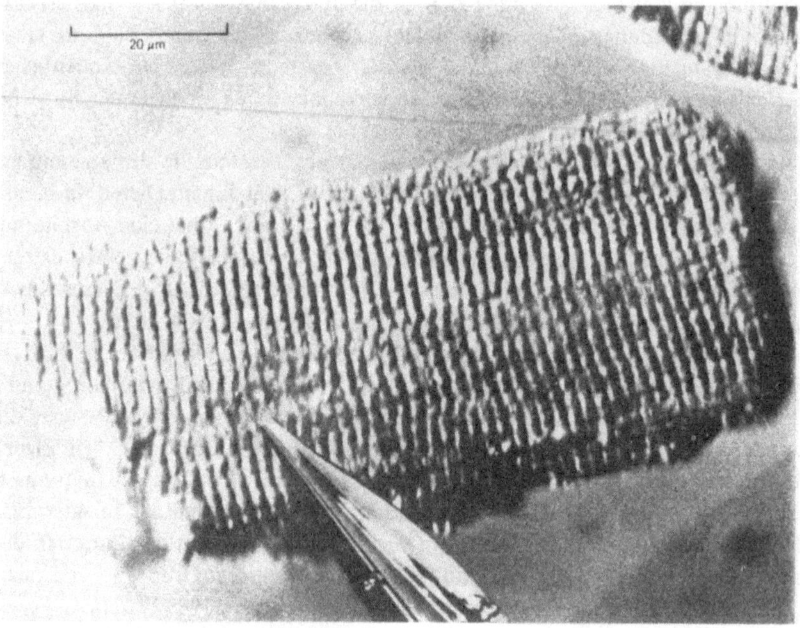

Abb. 1 Isolierte ventrikuläre Herzmuskelzelle aus dem Meerschweinchen-Myokard. Über der Zelle ist eine Glaspipette dargestellt, die auf die Zelloberfläche zubewegt wird, um dort den „Gigaseal" zwischen Pipettenspitze und Membranoberfläche auszubilden.

isoliert. Abbildung 2 beschreibt ein typisches Protokoll des experimentellen Vorgehens: eine isolierte Myokardzelle wird durch Ansaugen an einer speziell präparierten Glaselektrode fixiert (Abb. 2a, A). Dabei bildet sich ein Widerstandswert zwischen Zelloberfläche und Glas von mehr als 10 GΩ aus („Gigaseal"), der Voraussetzung für die Messung von Ionenströmen durch ein einzelnes Kanalprotein ist, die in der Größenordnung von 1 pA liegen. Durch die Ausbildung des Gigaseal wird ein Membranareal von etwa 0,2 μm^2 elektrisch isoliert. Über die Pipette wird ein Spannungssprung appliziert (Abb. 2b, A). Eine solche „Depolarisation" von einer Ruhespannung (Haltepotential) auf einen weniger negativen Spannungswert (Testpotential) öffnet einen spannungsabhängigen Membrankanal. Die Öffnung des Kanals wird durch kurzdauernde Einwärtsströme erkennbar, die sich am Beginn des Spannungspulses häufen und durch Na^+ getragen werden (Abb. 2d, A, B). Wird eine große Anzahl von iden-

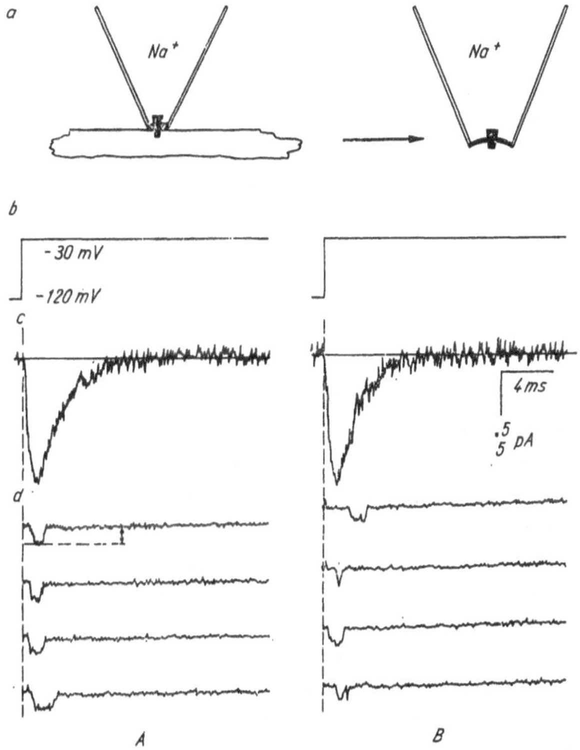

Abb. 2 Schematische Darstellung eines Protokolls zur Einzelkanalmessung. Eine detaillierte Beschreibung ist im Text gegeben. Ein Na-Kanalprotein wird in einem Membranareal („Patch") durch eine polierte Glaspipette elektrisch isoliert. Der Ladungsträger für einen in die Zelle gerichteten Strom positiver Ladungsträger (Einwärtsstrom) sind Na-Ionen in der Pipette. Die Strommessungen sind mit 10 kHz digitalisiert, mit 2 kHz gefiltert (4-Pol Bessel Filter), die ensemble-gemittelten Ströme sind von 76 Einzeldepolarisationen.

tischen Spannungsoulsen sequentiell appliziert, kann über alle Antworten der Einzeldepolarisationen gemittelt werden. Dadurch erhält man einen ensemble-gemittelten Strom als ein Äquivalent eines Ganzzellstromes, der durch Öffr.en einer großen Zahl von Kanälen entsteht (Abb. 2c, A, B). Das isolierte Membranareal kann mechanisch excidiert werden (Abb. 2a, B). Der Na-Kanal ändert seine Eigenschaften dadurch nicht, der experimentell unschätzbare Vorteil ist jetzt der freie Zugang zur intrazellulären Seite des Kanals.

Die Verbindung zwischen ensemble-gemitteltem Strom (I) und Einzelkanalstrom (i) ergibt sich für funktionell unabhängige Kanäle aus

$$I = N * i * P(V, t) \qquad (1)$$

mit

$$i = g * (V - V_{Na}) \qquad (2)$$

wobei N die Anzahl der Kanäle im Membranareal („patch"), g die Leitfähigkeit des Einzelkanals, P(V, t) als spannungs- und zeitabhängige Funktion die Wahrscheinlichkeit, daß der Kanal in der geöffneten (leitenden) Konformation vorliegt, V_{Na} das elektrochemische Gleichgewichtspotential für Na sind. Dabei beschreibt die Kanalleitfähigkeit g im wesentlichen Permeationseigenschaften des Kanals, P(V, t) dagegen Schalteigenschaften. Methodische Details sind den Originalpublikationen zu entnehmen (Nilius et al. 1985, Nilius et al. 1986b, Nilius 1988a, b).

Ergebnisse

1. Eigenschaften der offenen Pore des Na-Kanals

Als Beispiel der Analyse von Eigenschaften der offenen Kanalpore wird der Einfluß von Ca^{++} auf den Na-Kanal dargestellt. Die Amplitude des Einzelkanalstromes i kann bei verschiedenen Membranspannungen V gemessen werden. Nach Gleichung (2) erhält man daraus die Einzelkanalleitfähigkeit. Abbildung 3A zeigt Einzel-Na-Kanalströme bei drei verschiedenen Membranspannungen. In nominell Ca-freier Pipettenlösung, die dem extrazellulärem Milieu entsprechen würde, sind sehr große Ströme bei −80 mV ableitbar, die bei weniger negativen Potential monoton vermindert werden. Ist dagegen eine große Ca-Konzentration in der Pipette vorhanden, sind die Einzelkanalströme bei negativen Potentialen wieder vermindert. Abbildung 3B faßt dieses Verhalten in den Strom-Spannungskennlinien des Na-Membrankanals zusammen: bei Anwesenheit von Ca ergibt sich eine Reduktion der Kanalleitfähigkeit von 27 pS (0,1 mM Ca^{++}, nominell Ca freie Lösung) auf 14 pS. Eine drastische Stromverminderung zeigt sich darüber hinaus bei negativen Potentialen, die in der Nähe des normalen Membranruhepotentials einer Herzmuskelzelle liegen. Der diesem Block von Na-Kanälen zugrunde liegende Mechanismus kann sehr elegant durch Anwendung eines pharmakologischen Werkzeuges studiert werden, das langdauernde Kanalöffnungen induziert ohne dabei Eigenschaften des offenen Kanals zu ändern. Abbil-

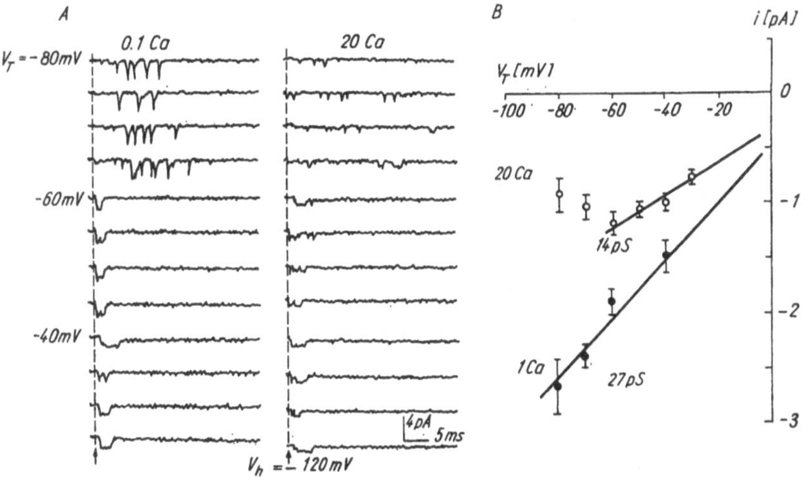

Abb. 3 A: Na-Einzelkanalströme zweier verschiedener Zellen. In der Patchpipette (links) befindet sich nominell Ca-freie Lösung (etwa 100 μM), in der Pipette rechts 20 mM Ca^{++}. Die Zellen sind in 140 mK K-Aspartat Lösung inkubiert, um ein konstantes Zell-Ruhemembranpotential von 0 mV einzustellen. Ein Haltepotential, welches das artifizielle Ruhepotential der Zelle simuliert von −120 mV wird appliziert. Von diesem Haltepotential wird auf −80, −60, und −40 mV (Depolarisationen, jeweils vier Messungen, „Sweeps", sind gezeigt). Der Depolarisationsbeginn ist durch einen Pfeil gekennzeichnet. Die Messungen wurden mit einer Sample-Frequenz von 10 kHz und einer Filterung von 2 kHz aufgenommen. B: Strom-Spannungsbeziehungen für Na-Einzelkanalproteine mit 0,1 und 20 mM extrazellulärem Ca. Die Kennlinien sind linear gefitted. Die Meßpunkte sind Mittelwerte ±SD von 8 Membranpatchen. Die Einzelkanalleitfähigkeit in 0,1 mM Ca beträgt 27 pS, in 20 mM Ca ist sie auf 14 pS reduziert. Ca induziert eine spannungsabhängige Verminderung des Einzelkanalstromes speziell bei negativen Potentialen (modifiziert nach Nilius 1988a).

dung 4a zeigt normale (cont) und drastische verlängerte Öffnungen des Kanals (DPI) nach Applikation eines Piperazinylindol-Derivates (DPI 201−106, Sandoz, Schweiz). Unter der Bedingung langer Öffnungen können Spannungsrampen appliziert werden, dadurch kann mit einem einzigen Spannungsprotokoll eine Strom-Spannungskennlinie des geöffneten Kanals gemessen werden (Abb. 4b, c). Die über einen großen Bereich von 200 mV gemessene Charakteristik ist deutlich nichtlinear. Eine solche Kennlinie kann durch folgendes physikalische Modell am besten interpretiert werden: die Kanalpore wird modelliert als eine Sequenz von Energiebarrieren über die der Ionentransport erfolgen muß. Durch Approximation mittels eines solchen Modells an die gemessenen Strom-Spannungsdaten kann das energetische Profil der Kanalpore quantitativ ermittelt werden (Nilius 1988a). Abbildung 4d zeigt dieses Profil für den Na-Kanal: die Energiebarrieren des Kanal betragen von der extra – zur intralzellulären Seite 10.7, 8.6, 6.7 und 10.7 RT Einheiten. Die Energieminima liegen bei −1 (identisch mit einer schwachaffinen Bindungsstelle für Na^+), und 0,5 RT

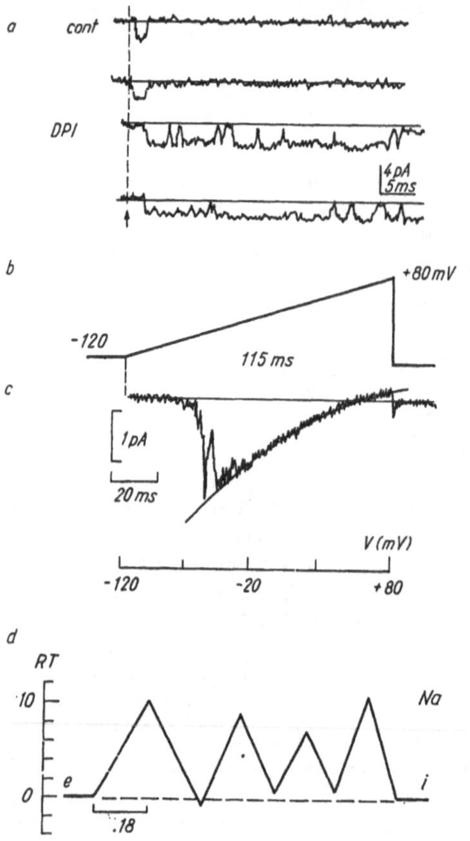

Abb. 4 Messung von Strom-Spannungskurven durch Anwendung von linearen Spannungsrampen.

a: Modulation des Schaltverhaltens des Na-Kanals mittels eines lipophilen Pharmakons DPI 201−106 führt von kurzdauernden (cont) zu extrem langdauernden Kanalöffnungen (DPI). Dargestellt sind sweeps für einen Spannungssprung von −140 auf −40 mV.

b, c: Applikation von linearen Spannungsrampen durch die Meßpipette von −120 auf +80 mV. 115 ms lang erzeugt Strom-Spannungskennlinien durch das einzelne geöffnete Kanalprotein. Die Kennlinie ist deutlich nichtlinear, zeigt eine einwärtsgehende Deflektion bei positiven Membranpotentialen und einem deutlichen Umkehrpotential, bei dem der Einzelkanal-Strom die Richtung wechselt.

d: Die Strom-Spannungskennlinie kann modelliert werden als Energieprofil des offenen Kanals mit 4 Barrieren und 3 Minima. Das erste Minimum stellt eine Bindungsstelle für Na und Ca dar (Nilius 1987a, b, 1988a). Beste Approximationen wurden mit folgenden Parametern erreicht (von extrazellulär, e, nach intrazellulär, i): 10,5, 8,6, 6,8 und 10,7 RT Einheiten für die Barrieren, −1 (Bindungsstelle), 0,5 und 0,5 RT Einheiten für die Energieminima. Die Lokalisationen der Energieminima sind ausgedrückt in elektrischen Distanzen von außen nach innen 0,36, 0,6 und 0,8.

Einheiten. Die Bindungsstelle befindet sich in einer elektrischen Distanz von 36% im Kanal. Ca^{++} kann an dieser Stelle im Kanal mit größerer Affinität gebunden werden. Für Ca^{++} ist die Energiebarriere des Kanals nach dem ersten Energieminimum zu groß, um von diesem Ion bei dem vorhandenen elektrochemischen Gradienten übersprungen zu werden, Ca ist nicht permeabel: der Kanal wird dadurch blockiert. Diese Stelle im Kanal wird damit zum Selektivitätsfilter. Ca muß erst wieder den Kanal verlassen, um Na permeieren zu lassen. Aus den beschriebenen Messungen lassen sich durch Approximation der Strom-Spannungskennlinien des Einzelkanales die Energieprofile der Pore für das permeierende Ion (Na) und das blockierende Ion (Ca) experimentell ermitteln. Abbildung 5 zeigt das Beispiel für den Fit der Kennlinien bei verschiedenen Ca-Konzentrationen und die dazu benötigten Energieprofile der

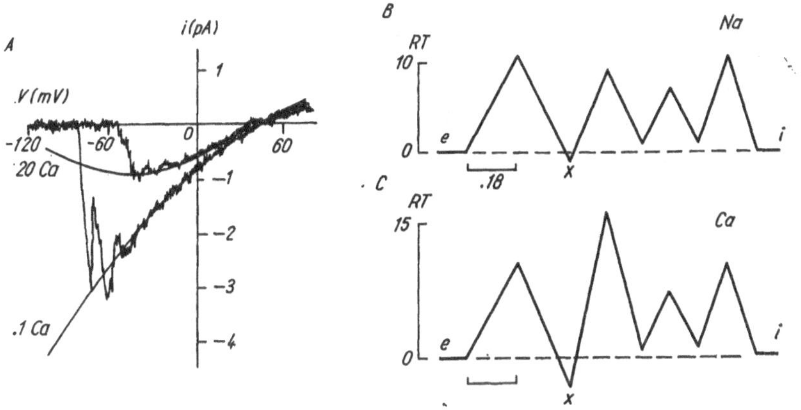

Abb. 5 Quantitative Modellierung des Stromes durch Na-Einzelkanäle bei unterschiedlichen extrazellulären Ca-Konzentrationen. Das in Abb. 3 vorgestellte Barrierenmodell wurde verwendet. Die Strom-Spannungskennlinien werden nach den rechtsstehenden Profilen berechnet. Die Energieniveaus extra- und intrazellulär sind 0. In 0,1 mM Ca sind die Barrieren von extra- nach intrazellulär: 10,7, 8,6, 6,7, 10,7 RT Einheiten, die Minima −1, 0,5 und 0,5 RT Einheiten. Die elektrischen Distanzen sind unter den Profilen angegeben. Die Na-(Ca, Mg, Cd, ...) Bindungsstelle befindet sich in einem Abstand von 0,36 von außen im Kanal. Die hohe Energiebarriere von 10,7 RT an der Membraninnenseite ist notwendig, um die Deflektion der Kennlinien bei positiveren Potentialen zu beschreiben.

In der Anwesenheit von 20 mM Ca in der Meßpipette ändern sich die Energiebarrieren des Kanals zu: 10,7, 17,2, 6,7 und 10,7 RT Einheiten, die Minima zu −3,35, 0,5 und 0,5 RT Einheiten. Die Ionenströme wurden mittels der King-Altmann-Methode ermittelt (siehe Nilius 1988a). Der Nettoflux für Ca^{++} ist kleiner als 0,001 pA, der Kanal ist somit für Ca-Ionen nicht permeabel. Die hohe Barriere zwischen der Bindungsstelle im Kanal für Ca, die höher affin als für Na ist, und dem zweiten Maximum schafft die Selektivitätseigenschaft des Kanals und ist als Selektivitätsfilter anzusehen.

Folgende Konzentrationen wurden verwendet, um die Meßergebnisse zu beschreiben: Na_e = 140 mM, Na_i = 18 mM, Ca_e = 20 oder 0,1 mM, Ca_i = 0,1 μM, dabei steht e für extra-, i für intrazellulär.

Kanalpore. Der vorgestellte Mechanismus erklärt den verstärkten Block von Na-Kanälen durch Ca bei negativen Membranpotentialen. Der stabilisierende Effekt erregbarer Membranen durch Ca findet dadurch seine molekulare Interpretation (für Details siehe Nilius 1987a, Nilius und Marinov 1987, Nilius 1988a).

2. *Schalteigenschaften von Na-Kanälen*

Wird ein positives Testpotential appliziert, vergrößert sich die Wahrscheinlichkeit des Öffnens eines Na-Kanals, der bei negativen Membranpotentialen statistisch vorwiegend geschlossen ist. Abbildung 6 zeigt Einzelkanalströme bei drei verschiedenen Membranspannungen. Die ensemble-gemittelten Ströme sind wie makroskopische Ströme durch einen Anstieg (Aktivation) und trotz unveränderten Potentials erfolgende Verminderung (Inaktivation) gekennzeichnet. Beide Vorgänge sind langsam bei negativen Potentialen (−70 mV), werden bei positiveren Potentialen dagegen beschleunigt. Das diesem Phänomen zugrunde liegende Einzelkanalverhalten ist Abbildung 6

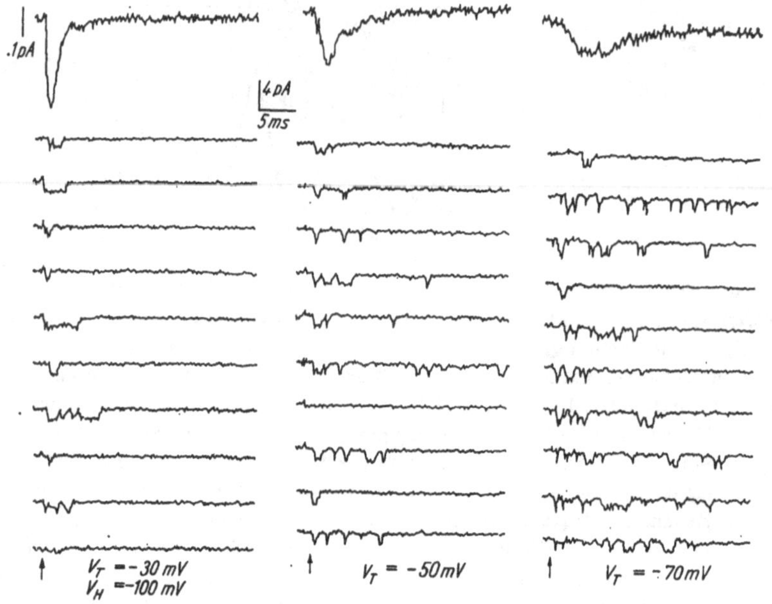

Abb. 6 Unterschiedliche Muster des Öffnungsverhaltens von Na-Einzelkanälen bei unterschiedlichen Testpotentialen. Bei negativen Potentialen (−70 mV) zeigen sich repetitive Wiederöffnungen, die eine langsame Inaktivation erzeugen. Bei positiveren Potentialen zeigt sich eine deutliche Clusterung von Kanalöffnungen unmittelbar am Depolarisationsbeginn, der durch einen Pfeil gekennzeichnet ist. Dieses Schaltverhalten erzeugt eine schnelle Aktivation und Inaktivation, die aus den ensemble-gemittelten Strömen klar erkennbar sind. (Sampling 10 kHz, Filter 2 kHz, gemittelte Ströme von 76 Sweeps).

leicht zu entnehmen: die langsame Aktivation entsteht durch eine im Mittel längere Latenz zwischen Depolarisation und erster Kanalöffnung, die langsame Inaktivation entsteht durch ein häufiges Wiederöffnen der Kanäle. Die extrem rasche Aktivation bei positiveren Potentialen entsteht durch eine Synchronisation der Kanalöffnungen unmittelbar nach Beginn der Depolarisation. Die rasche Inaktivation entsteht durch eine verminderte Kanal-Wiederöffnung. Eben dieses molekulare Schaltverhalten („gating“) läßt Na-Kanäle zu so ausgezeichneten Werkzeugen für einen schnellen Informationstransfer durch Erzeugung rascher elektrischer Impulse werden. Abbildung 7 zeigt eine quantitative Analyse des typischen Schaltverhaltens eines einzelnen Na-Kanales. Durch einen depolarisierenden Spannungssprung zeigen sich gehäuft Einzelkanalströme mit einer Amplitude von etwa 1,5 pA und sehr kurzen Öffnungszeiten zwischen etwa 0,3 und 5 ms unmittelbar nach Einsetzen der Depolarisation. Die vierte Depolarisation löst dagegen einen etwa 30 ms andauernden „burst“ von Kanalöffnungen aus. Der Mittelstrom aus 76 Depolarisationen zeigt die für makroskopische Na-Ströme typische rasche Aktivation und Inaktivation. Die sechste und siebente Depolarisation werden nicht mit Kanalöffnungen beantwortet („Blanks“ oder „Nullen“). Aus der Messung der Verteilung der Zeiten, in denen sich der Kanal im offenen oder im geschlossenen Zustand befindet, können durch Approximation mittels Exponentialfunktionen die mittleren Offen- und Geschlossenzeiten ermittelt werden. Ebenso kann die Verteilung der Wartezeiten bis zur ersten Kanalöffnung (1. Latenz) erfaßt werden. Abbildung 7d–7f zeigen die jeweiligen Histogramme. Das normale, in mehr als 99% aller Depolarisationen zu beobachtende Öffnungsverhalten kann mittels nur einer mittleren Offenzeit, τ_0, wenigstens zwei Geschlossenzeiten, τ_{c1} und τ_{c2} und einer unimodalen Verteilung der 1. Latenz, t_L, charakterisiert werden. Außerdem muß der Kanal wenigstens einen „absorbierenden“ Zustand besitzen (geringe Anzahl von Wiederöffnungen sowie rasche Inaktivation des Mittelstromes). Kurze Kanalöffnungen, deren Dauer zwischen −60 und −20 mV spannungsunabhängig ist, eine geringe Wiederöffnungswahrscheinlichkeit bei Potentialen positiver als −40 mV (rascher Eintritt in einen absorbierenden Zustand, „Inaktivation“), dagegen häufige Wiederöffnungen bei negativeren Potentialen, sowie ein rasch aktivierender und inaktivierender Mittelstrom kennzeichnen das normale kinetische Verhalten von myokardialen Na-Kanälen (zur detaillierten Analyse siehe Aldirch et al. 1983, Kunze et al. 1985, Vandenberg und Horn 1984, Horn und Vandenberg 1984, Nilius 1989). Langdauernde, repetitive Kanalöffnungen (siehe 4. Registrierung in Abb. 7) treten unter Kontrollbedingungen in weniger als 1% der Depolarisation auf. Diese Eigenschaften verlangen ein minimales Konformationsmodell des Na-Kanales von wenigstens zwei geschlossenen (seriellen) Kanalkonformationen C_1 und C_2, die vor Kanalöffnung passiert werden müssen, eine offene Konformation, 0, sowie wenigstens einen absorbierenden Zustand, I, aus der heraus die Wiederöffnung des Kanals sehr langsam ist (Abbildung 8). Die kinetischen Eigenschaften des Schaltverhaltens können mittels Ratekoeffizienten beschrieben werden (Zustandsmodell, Abb. 8) und mittels der Wahrscheinlichkeiten des Übergangs zwischen den verschiedenen Kanalkonformationen (Markov-Modell, Abb. 8). Abbildung 8 zeigt die Mo-

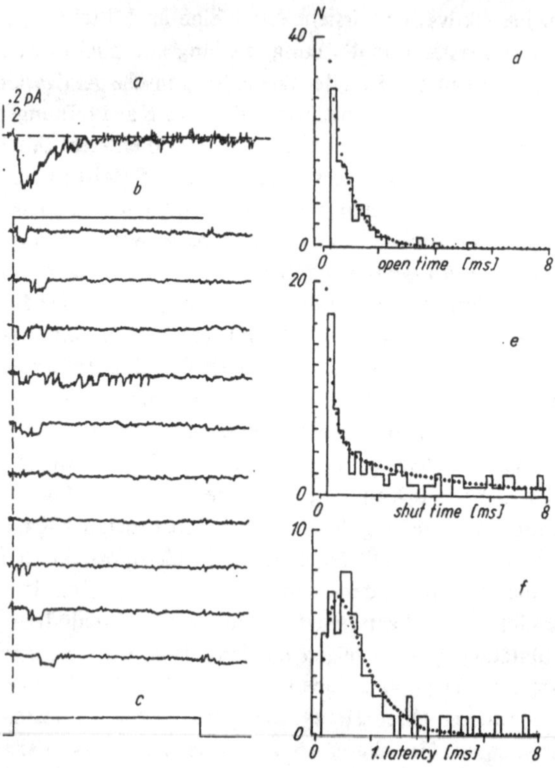

Abb. 7 Normales Schaltverhalten eines kardialen Na-Kanals. a: Mittelstrom („ensemble averaged" über 76 Depolarisationen) der Einzelkanalströme. Die schnelle Aktivation und Inaktivation entspricht einem makroskopischen („Ganzzell") Na-Strom.

b: Die Antwort auf eine Depolarisation von −140 auf −50 mV besteht in kurzdauernden Einzelkanalströmen, die am Depolarisationsbeginn gehäuft auftreten.

c: depolarisierender Spannungspuls von einem Haltepotential von −140 mV auf ein Testpotential von −50 mV. Dieser 50 ms Puls wird repetitiv in einer Frequenz von 1 s^{-1} appliziert.

d: Verteilung der Kanal-Offenzeiten. Das Histogramm kann mit einer Exponentialfunktion beschrieben werden, deren Zeitkonstante (mittlere Offenzeit, T_9) 0,67 ms beträgt.

e: Verteilung der Geschlossenzeiten des Kanals. Das Histogramm muß mit wenigstens 2 Exponentialfunktionen beschrieben werden, deren Zeitkonstanten (mittlere Geschlossenzeit zweier geschlossener Kanalzustände) $\tau_{c1} = 0{,}3$ und $\tau_{c2} = 6{,}4$ ms betragen.

f: Verteilung der Wartezeiten bis zur ersten Kanalöffnung, t_L. Das Histogramm ist mit einer Funktion $F(t) = a*(1 - \exp(-t/\tau_1) * \exp(-t/\tau_2)$ approximiert wurde ($\tau_1 = 0{,}9$ ms, $\tau_2 = 1{,}2$ ms). Diese unimodale Verteilung erfordert zwei seriell angeordnete geschlossene Kanalzustände.
Abtastfrequenz 10 kHz, obere Grenzfrequenz des Tiefpasses 2 kHz.

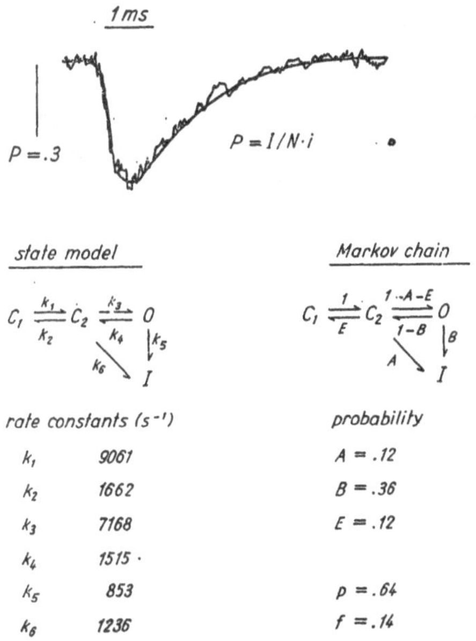

Abb. 8 Modellierung des Schaltverhaltens von Na-Kanälen. Mit dem aufgeführten kinetischen Modell wurde der ensemble-gemittelte Strom I, der die Öffnungswahrscheinlichkeit P des Kanals beschreibt, durch numerische Lösung des Differentialgleichungssystems approximiert. Die ermittelten Werte für die Ratekoeffizienten und die Übergangswahrscheinlichkeiten sind in den Tabellen angegeben (Details im Text, Spannungssprung von −120 auf −30 mV).

dellierung des Zeitverlaufs der Wahrscheinlichkeit eines Na-Kanals zu öffnen, die aus dem ensemble-gemittelten Strom meßbar ist, mittels eines geeigneten Satzes von Ratekonstanten und Übergangswahrscheinlichkeiten.

Weitere wichtige Informationen zum Kanalschaltverhalten können quantitativ aus einer Analyse des Wiederöffnungsverhaltens gewonnen werden (Aldrich et al. 1983, Kunze et al. 1985). Abbildung 9 zeigt für einen Membranpatch mit zwei Kanälen das Verteilungshistogramm der Anzahl der Kanalöffnungen pro Depolarisation. Zusätzlich zu den in Abbildung 7 gezeigten Messungen können folgende Einzelkanaldaten erhalten werden: 1. Wahrscheinlichkeit des Auftretens von Depolarisationen ohne Kanalöffnung (Nullen) ${}_{N}P(0)$. ${}_{N}P(0)$ = Anzahl der Nullen/Gesamtzahl der Depolarisationen und damit die Wahrscheinlichkeit, f, daß ein Kanal trotz Depolarisation nicht die offene Konformation (siehe Abb. 8) erreicht

$$f = {}_{N}P(0)^{1/N}$$

2. mittlere Zahl der Kanalöffnungen, ${}_{N}j_{A}$, pro Depolarisation

${}_{N}j_{A}$ = Anzahl der Kanalöffnungen/Gesamtzahl der Depolarisationen und damit die mittlere Zahl der Öffnungen pro Kanal

$$j_A = {}_N j / {}_A N$$

Dabei steht N für die Zahl der Kanäle im Membranpatch, A kennzeichnet „apparent", da durch Eigenschaften des Meßsystems sehr schnelle Öffnungen und Schließungen von Kanälen nicht erfaßt werden können. Unabhängig von einem speziellen kinetischen Modell ist die Wahrscheinlichkeit (P_j) j Öffnungen eines Kanals pro Depolarisation zu beobachten

$$P_j = (1 - f)(1 - p)\, p^{j-1}$$

wobei p die Wahrscheinlichkeit ist, daß der Kanal wiederöffnet, falls er sich schon einmal in der offenen Konformation befunden hat. Die mittlere Anzahl der Kanalöffnungen ergibt sich jetzt aus dem Erwartungswert j Öffnungen zu beobachten als

$$j_A = \Sigma j P_j \qquad j = 1, 2, \ldots \infty$$

oder

$$j_A = \Sigma j (1 - f)(1 - p)\, p^{j-1}$$

Diese Reihe ist leicht auszurechnen und man erhält

$$j_A = (1 - f)/(1 - p)$$

Wie in Abbildung 9 gezeigt, können f und j_A direkt aus dem Experiment als zusätzliche Einzelkanalinformationen erhalten werden. Damit ist die Wiederöffnungswahrscheinlichkeit p des Kanals bekannt. Mit diesen Daten ist man jetzt in der Lage, direkt Informationen zu Ratekonstanten im speziellen kinetischen Schaltmodell (Abb. 8) zu erhalten. Es ist nämlich die Übergangswahrscheinlichkeit von der offenen in die geschlossene Kanalkonformation B

$$B = (1 - f - p)/(1 - p)$$

B ist damit ebenfalls experimentell zu ermitteln. Aus Abbildung 8 liest man leicht ab, daß

$$B = k_5/(k_4 + k_5)$$

ist. Die mittlere Öffnungszeit des Kanals ist aber (siehe Abb. 8)

$$\tau_0 = 1/(k_4 + k_5) \text{ und } B = k_5\, \tau_0$$

Damit können direkt aus dem Einzelkanalexperiment kinetische Daten des Kanalschaltverhaltens ermittelt werden. Die Ratekonstanten k_5 und k_4 zeigen eine entgegengesetzte Spannungsabhängigkeit: k_5, der Übergang in die absorbierende Konformation, wird mit positiveren Membranspannungen vergrößert. k_4, die Rückreaktion von der offenen Kanalkonformation in einen geschlossenen Zustand, wird dagegen mit positiveren Potentialen verkleinert. Dadurch ist die mittelere Offenzeit des Na-Kanals in einem breiten Bereich unabhängig von der Membranspannung, der Eintritt in den absorbierenden Zustand (B) wird dagegen mit positiveren Potentialen extrem begünstigt. Durch diese molekularen Eigenschaften ist der Na-Kanal ein hochentwickeltes Schaltsystem, das schnelle elektrische Signale generieren und durch den raschen

Übergang in einen absorbierenden Zustand zur Kodierung differentieller Meßgrößen bevorzugt geeignet ist. Andere spannungsabhängige Kanäle (L-Ca- oder auch T-Ca-Kanäle, Nilius et al. 1985, 1986c, Nilius 1986), die in der Evolution wesentlich früher erscheinen, zeigen andere, in vielerlei Hinsicht weniger differenzierte Schalteigenschaften.

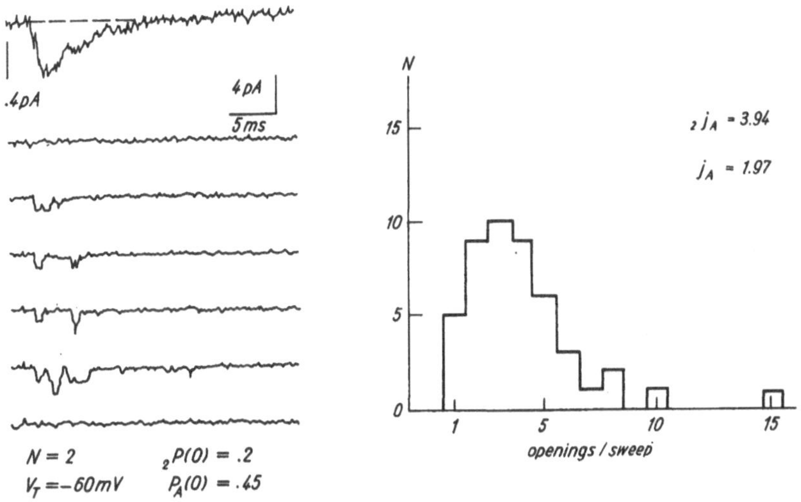

Abb. 9 Analyse der Schalteigenschaften von Na-Kanälen.
links: Für einen Spannungssprung von −120 auf −60 mV (Ca freie Pipettenlösung) sind Kanalöffnungen gezeigt. Die Zahl der Kanäle ergibt sich aus der maximalen Zahl überlappender Ereignisse (zwei Kanäle im Patch). In 76 Sweeps wurden 15 Nullen beobachtet, die Beobachtungswahrscheinlichkeit ist 0,2 (korrigiert für einen Membrankanal, siehe Text 0,45).
rechts: Verteilung der Kanalöffnungen pro Depolarisation. Ein Maximum bei 3 Öffnungen pro Depolarisation ist sichtbar. Die mittlere Anzahl beträgt 3,94, korrigiert für einen Kanal 1,97.

3. *Modulation des Schaltverhaltens von Na-Kanälen*

In Paragraph 2 wurde das normale Schaltverhalten von Na-Kanälen beschrieben. Bei positiveren Spannungen wird der Na-Kanal in einem Schaltschema fixiert, in welchem er vorwiegend einmal pro Depolarisation öffnet, eine geringe Wiederöffnungswahrscheinlichkeit besitzt, und sehr schnell einen absorbierenden Zustand erreicht. Mit einer sehr geringen Wahrscheinlichkeit (<0,3 %) jedoch, zeigt der normale Kanal langandauernde, burstartige Öffnungen, d.h. er beantwortet eine Spannungsänderung abweichend vom normalen „Leitmotiv" mit einer großen Wiederöffnungswahrscheinlichkeit. Abbildung 10 zeigt ein Beispiel, in dem in 11 sequentiell appli-

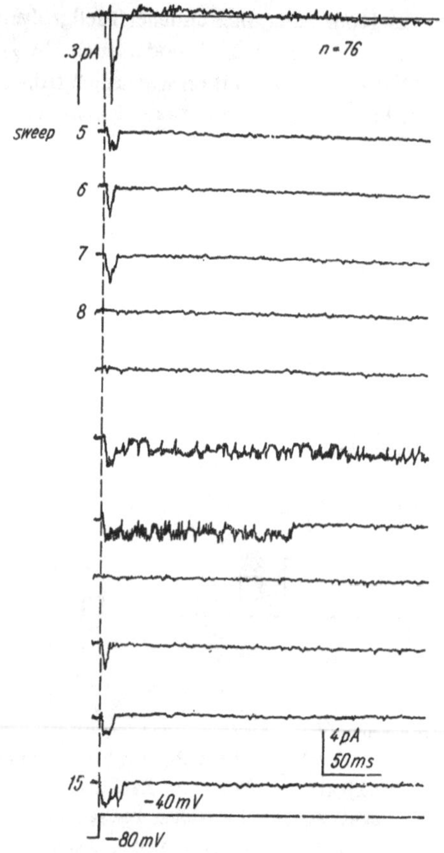

Abb. 10 Na-Einzelkanalöffnungen von 11 konsekutiven Depolarisationen. Zwei von 76 Sweeps zeigen Burst-Öffnungen (Sweep 10, 11). Sweep 9 und 12 sind Nullen. Das normale Schaltverhalten ist durch kurze Öffnungen am Beginn der Depolarisation von −80 auf −40 mV charakterisiert. Der Mittelstrom von 76 Sweeps zeigt die normale schnelle Aktivation und Inaktivation.

zierten Depolarisationen in Sweep 10 und 11 solche Bursts auftreten. Es ergibt sich sofort die Frage, ob diese intrinsische Kanaleigenschaft pharmakologisch akzentuiert und eventuell genutzt werden kann. Unter einer Reihe von Bedingungen kann der Na-Kanal wirklich in einen Zustand überführt werden, in dem repetitive, langandauernde „Burst" – Öffnungen mit großer Wahrscheinlichkeit auftreten. Abb. 11 zeigt ein solches Beispiel. Nach Applikation des Piperazinolindolderivates DPI 201–106 öffnet der Na-Kanal mit langdauernden „Bursts" (Abb. 11, rechts, Registrierung 11–13). Der Mittelstrom unter DPI (Abb. 11, rechts oben) wird im Vergleich zum Kontrollstrom (Abb. 10, links oben) extrem langsam inaktiviert. Der modifizierte Kanal kann jedoch noch immer eine Depolarisation mit normalen kurzen Öffnungen

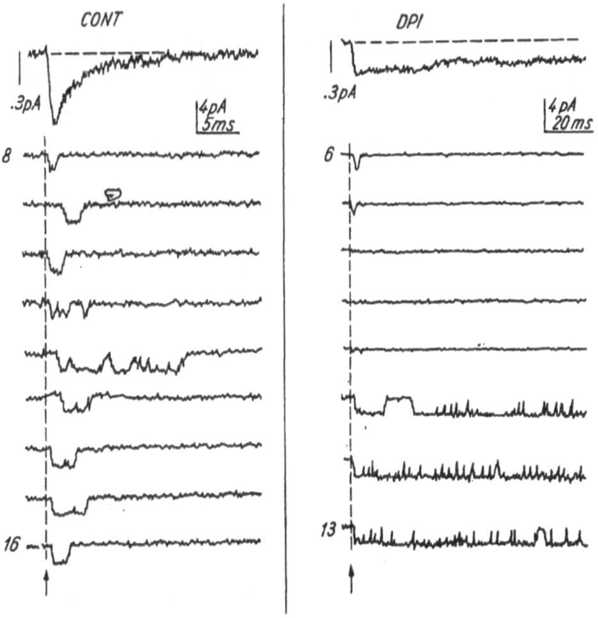

Abb. 11 Modifikation eines Na-Kanals durch die kardiotone Substanz DPI 201 – 106. Sequentielle Registrierungen sind für einen Spannungssprung von –120 auf –40 mV dargestellt.
links: normales Öffnungsverhalten vor Applikation von DPI. Der Mittelstrom (76 Depolarisationen) inaktiviert rasch, kurze Kanal-Öffnungen sind sichtbar (10 kHz Abtastfrequenz, 2 kHz Filter).
rechts: nach Applikation von DPI zeigt sich ein dramatisch verändertes Schaltverhalten am gleichen Kanal: repetitive lange Öffnungen treten neben normalen kurzen Stromantworten auf. Man beachte die veränderte Zeitskala (2 kHz Abtastfrequenz, 1 kHz Filter).

beantworten (Registrierung 6, 7). Der maximale Mittelstrom ist unter DPI vermindert, ein Befund, der auf eine zusätzliche lokalanästhetische Wirkung dieser Substanz hinweist (Nilius et al. 1987b, Nilius et al. 1989a, b). Abb. 10 und 11 zeigen, daß kurze Kanalöffnungen, langdauernde „Bursts" sowie „Blanks" (Nullen) koexistent im gleichen Membranpatch auftreten. Ein einziges Markov-Schema des Na-Kanals, wie zu Abbildung 8 gezeigt, würde eine zufällige Verteilung dieser drei Öffnungsarten voraussagen. Dagegen scheint ein Auftreten der drei verschiedenen Öffnungstypen in Gruppen evident. In Abb. 12 sind 19 sequentielle Kanalantworten auf eine Depolarisation von –120 auf –50 mV dargestellt. Kurze Kanalöffnungen sind in Registrierung 37–41 zu sehen, „Bursts" in 42–44 und 51–55, „Blanks" in 45–50. Um die Zufälligkeit des Auftretens der verschiedenen Antworten zu testen, wurde eine „RUN"-Analyse durchgeführt (Wald und Wolfowitz 1940). Ein „RUN" ist eine Sequenz ähnlicher Elemente. Drei Elemente werden definiert: Element S – Auftreten wenigstens einer kurzen Kanalöffnung pro Depolarisation, Element L – Auftreten wenigstens einer langdauernden Öffnung pro Depolarisation, Element O – Depolarisation ohne Kanalöffnung (siehe auch Nilius 1988b für Details). Zählt man in Abb. 12 die „RUN“s für die Elemente O und (S oder L), so erhält man die Anzahl 3. Bei vorausgesetzter Zufälligkeit des Auftretens der Elemente ist die Wahrscheinlichkeit für 3 „RUN“s 0,0007 (Swed und Eisenhart 1943, Nilius 1987, Nilius 1988b). Für die Elemente (O oder S) und L zählt man die Anzahl von 4 „RUN“s. Die Wahrscheinlichkeit dieser Konstellation ist 0,002. Dieses Beispiel zeigt, daß ein zufälliges Auftreten der verschiedenen Öffnungsarten sehr unwahrscheinlich ist. Für Stichproben mit mehr als 40 Versuchen (Depolarisationen) kann die standardisierte Zufallsgröße Z definiert werden:

$$Z = -(R - 2n\,\pi(1 - \pi))/(2\pi(1 - \pi)\sqrt{n})$$

(Horn und Vandenberg 1984, Horn et al. 1984) R ist die Anzahl der „RUN“s, n ist die Gesamtzahl der Depolarisationen, π ist die Häufigkeit des Auftretens eines Elementes. Ist R größer als 1,64, dann ist die Wahrscheinlichkeit, daß die Elemente zufällig verteilt sind kleiner als 0,05, ein Auftreten in Gruppen kann also angenommen werden. Die in Abb. 12 gezeigten Registrierungen stammen aus einem Test mit 76 Depolarisationen, 52 O-, 14 L- und 10 S-Öffnungen. Für die Testung von O- gegen (L oder S)-Elementen wurde Z = 6,85, für (O oder S) – gegen L-Elemente Z = 5,28 ermittelt. Das nicht-zufällige Auftreten der verschiedenen Öffnungstypen ist also hochsignifikant. Wird die Offenwahrscheinlichkeit POS eines Kanal bestimmt als Fraktion während einer Depolarisation, die der Kanal geöffnet ist,

POS = Gesamt-Offenzeit pro Depolarisation/Dauer der Depolarisation

so wird das Erscheinen von Gruppen bestimmter Öffnungstypen noch deutlicher. Abb. 12 (unten) zeigt ein Experiment mit 128 Depolarisationen und der POS je Sweep. Leere Abszissenwerte sind Nullen, POS-Werte unter 0,01 entsprechen kurzen Kanalöffnungen (kürzer als 1 ms bei einer 100 ms andauernden Depolarisation), POS-Werte über 0,1 sind Bursts. Das Schalten in Gruppen verschiedener Elemente ist evident (siehe auch Legende zu Abb. 12). Die nichtzufällige Häufung von Nullen wurde schon unter DPI sichtbar. Lokalanästhetika (zum Beispiel das in der Klinik seit langem zur Behandlung ventrikulärer Rhythmusstörungen eingesetzte hocheffiziente Lidokain) moduliert Na-Kanäle in einer solchen Weise, daß gerade Bursts unterdrückt aber Sweeps ohne Öffnung gehäuft auftreten (für Details siehe Nilius et al. 1987a). Abbildung 13 zeigt das Beispiel einer solchen Kanalmodulation. Applikation von Lidokain (hier an der inneren Membranseite appliziert) führt zu einer drastischen Verkleinerung und schnelleren Inaktivation des ensemble-gemittelten Na-Stromes, Wiederöffnungen werden unterdrückt (Abb. 13A). Die Verkleinerung der Öffnungswahrscheinlichkeit erfolgt durch eine Häufung von Nullen (Abb. 13B). Der Kanal wird in einem Zustand stabilisiert, aus dem er nur sehr schwer wieder öffnen kann. Das Auftreten verschiedener Öffnungsformen des Na-Kanals in Gruppen weist auf eine besondere Form der Kanal-Kinetik hin: ein bestimmtes Öffnungsverhalten wird

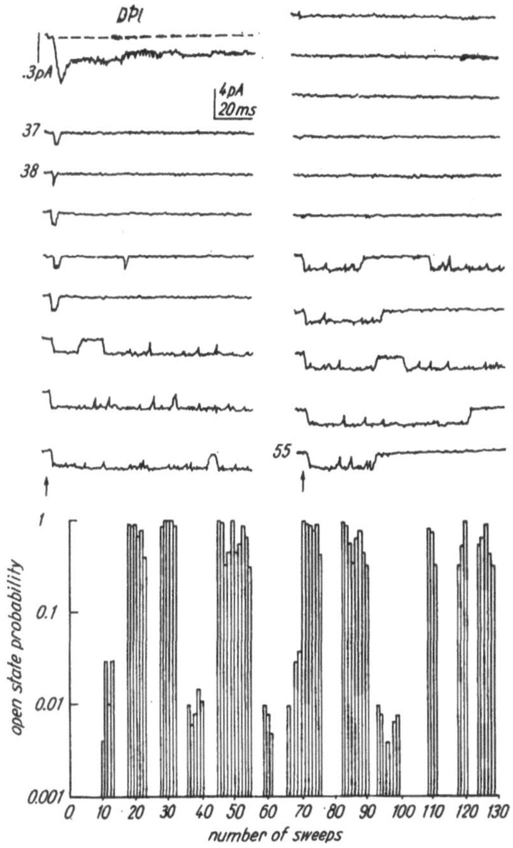

Abb. 12 „RUN"-Analyse für einen DPI modifizierten Na-Kanal. oben: Das Beispiel zeigt 19 sequentielle Antworten auf einen Spannungssprung von −120 auf −50 mV. 3 „RUN"s können für (O) gegen (S oder L) Antworten gezählt werden, 4 „RUN"s für (L) gegen (O oder S) Antworten. Die berechneten Z-Werte für die Gesamtprobe (76 Depolarisationen, 52 „Blanks", 10 kurze (S)-, 14 lange (L)-Öffnungen) betragen 6,85 und 5,28. Die verschiedenen Öffnungstypen treten gruppiert auf (siehe Text für Details, 2 kHz Abtastfrequenz und 1 kHz Filter). unten: die Offen-Wahrscheinlichkeit, POS, eines Na-Kanals (Definition siehe Text) ist in 130 konsekutiv applizierten Depolarisationen ermittelt (DPI, Spannungssprung von −120 mV auf −40 mV, 100 ms andauernd). Nach Schaltschema Abb. 8 müßten zufällige Verteilungen der verschiedenen Öffnungsformen zu beobachten sein. Kurze (unmodifizierte Öffnungen) haben POS-Werte zwischen 0,001 und 0,1, lange Burst-Öffnungen Werte nahe 1. In 128 Traces können 24 RUNs gezählt werden für die Definition „Sweep mit Kanalöffnung" gegen „Sweep ohne Öffnung" (Z = 6,7). Für die Definition „Sweep mit langer Öffnung, Burst" gegen „Sweep ohne Burst" werden 16 RUNs gezählt (Z = 8,2). Die Ergebnisse zeigen, daß hochsignifikant eine nicht-zufällige Verteilung der Öffnungstypen eintritt, Kanalöffnungen erfolgen in Gruppen.

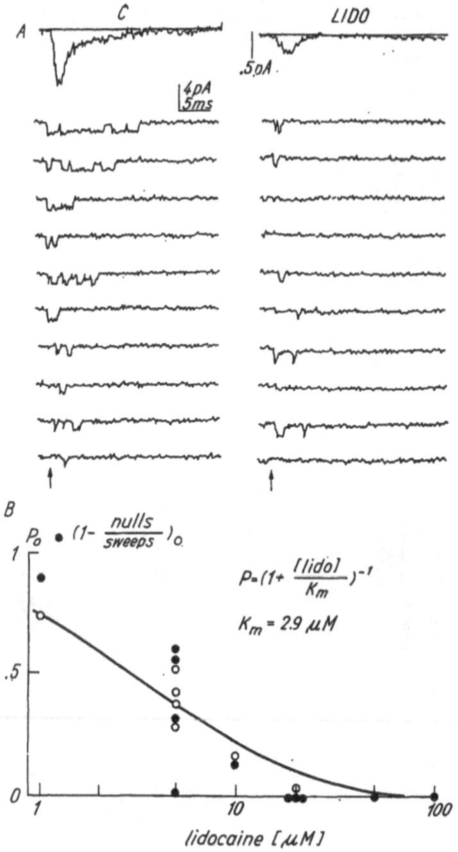

Abb. 13 Effekt des klassischen Antiarhythmikums Lidokain auf das Schaltverhalten von Na-Einzelkanälen (Spannungssprung von −120 auf −60 mV). Der Membranpatch wurde excidiert. Die ersten beiden Sweeps zeigen wieder lange Kanalöffnungen. Nach Applikation von 5 µM Lidokain an die Membraninnenseite (rechts) ist die Anzahl der Sweeps ohne Öffnungen dramatisch vergrößert (Nullen). Der in der Kontrolle sichtbare langsame Abfall des Mittelstromes ist unter Lidokain verkürzt durch einen Block der langdauernden Öffnungen und der Wiederöffnungen des Kanals. Der Pfeil kennzeichnet den Depolarisationsbeginn. unten: Konzentrations-Effekt-Beziehung für Lidokain. Die Wahrscheinlichkeit eines Kanals zu Öffnen (o) wurde von den Maxima der gemittelten Ströme gemessen. o stellt die Konzentrationsabhängigkeit der Nicht-leeren Sweeps (1 – Nullen/Gesamtzahl der Sweeps) dar. Eine deutliche Kongruenz ist sichtbar. Die Kurve wurde nach $P = 1/(1 + [\text{Lidokain}]/k_m)$ gefitted. Der k_m-Wert liegt mit 2.6 µM deutlich unter Werten, die für eine extrazelluläre Anwendung von Lidokain beschrieben werden.

über eine längere Zeit stabilisiert bevor der Kanal in ein kinetisch differentes Antwortschema überwechselt. Die myokardialen Na-Kanäle zeigen: 1. das normale Schaltverhalten mit durch kurzen Kanalöffnungen und raschem Eintritt in einen absorbierenden Zustand, 2. selten auftretende langdauernde „Bursts" von Kanalöffnungen, die im Gegensatz zum normalen Schaltverhalten eine spannungsabhängige mittlere Öffnungszeit besitzen, 3. „Blanks" in Serien, die auf eine Stabilisierung des Kanals in einem „nicht verfügbaren" Zustand („hibernation") hinweisen. Die einfachste Deutung ist, daß ein Na-Kanal eine Zeitdauer im Sekundenbereich in einem Schaltschema verbringt, dann aber spontan in ein anderes kinetisches Schema wechselt. Das Schaltverhalten von Na-Kanälen kann somit als Fluktuation zwischen verschiedenen, kinetisch definierten „Schaltmodi" beschrieben werden. Im „Burst"-Modus ist der Eintritt in den absorbierenden Zustand extrem verlangsamt. Dadurch sind häufige Kanalwiederöffnungen sowie eine extrem langsame (im Sekundenbereich, Patlak und Ortiz 1986, Nilius et al. 1989a, Nilius 1989) makroskopische Inaktivation des Na-Stromes möglich. Dieser Schaltmodus kann durch DPI stabilisiert werden. Durch diese Kanalmodulation kann sowohl eine Klasse 3 antiarrhythmische Wirkung (Verlängerung der Aktionpotentialdauer) als auch ein positiv inotroper Effekt ausgelöst werden. Weiterhin wird durch das Auftreten langdauernder „Bursts" von Kanalöffnungen eine partielle Kontrolle der Dauer des Herzmuskel-Aktionspotentials vermittelt, die funktionell bedeutungsvoll ist. Na-Kanäle in excidierten Membranarealen ohne intrazelluläre metabolische Regulationsmöglichkeiten (Nilius 1988b) und nach Applikation des arhythmogenen Alkaloids Aconitin (Nilius et al. 1986a, b, Nilius 1988c) bevorzugen ebenfalls den „Burst"-Schaltmodus. Lidokain dagegen stabilisiert den Kanal im nichtverfügbaren Zustand (Nilius et al. 1988a, zur Analyse eines anderen lokalanästhetischen Wirkungsmechanismus eines hydrophilen, schlecht lipidlöslichen Pharmakons siehe Nilius et al. 1988, Carmeliet et al. 1988). Das hier für den kardialen Na-Kanal vorgestellte „modale" Schaltverhalten ist in Übereinstimmung mit einem analogen Schaltverhalten zwischen differenten kinetischen Schemata, welches an L—Ca-Kanälen sowie an muskulären Cl-Kanälen beschrieben wurde (Hess und Tsien 1984, Blatz und Magleby 1986). Die vorgestellten Eigenschaften von Na-Kanalproteinen sind von besonderer anwendungsorientierter Relevanz, da durch Modulation des Schaltverhaltens eines Kanalproteins sowohl antiarrhythmische als auch kardiotone Wirkungen erzeugt werden können. Damit eröffnet sich ein vollständig neuartiges pharmakologisches Wirkprinzip. Zu weiteren Modulationsmechanismen sei auf die Arbeiten Tsien et al. 1987, Tytgat et al. 1988 hingewiesen.

Diskussion, Perspektiven

Die vorgestellten Ergebnisse sollten einen detaillierteren Einblick in die Analyse- und Meßmöglichkeiten membranständiger Ionenkanäle geben; ausgeführt an einem speziellen Membrankanal, der mit gleichartigen Eigenschaften in nahezu allen erregbaren Geweben funktionell eine herausragende Rolle spielt. Eigenschaften von Membrankanälen vermitteln ein Verständnis wichtiger physiologischer Funktionen. So wurde gezeigt, welche molekularen Schalteigenschaften Na-Kanäle als Werkzeug zur schnellen Informationübermittelung predestinieren und über welche molekularen Mechanismen extrazelluläre Ca-Ionen wirklich „membran-stabilisierende“ Wirkungen entwickeln. Weiterhin erlaubt die Kenntnis spezieller Schalt- oder Permeations-

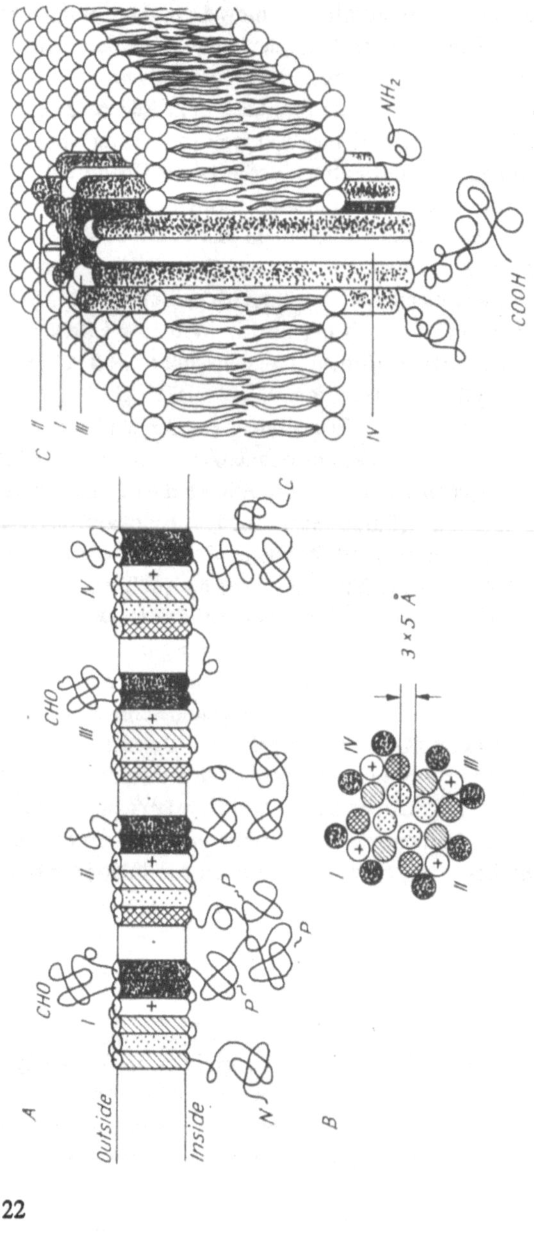

Abb. 14 Architektur des Na-Kanalproteins dargestellt als lineare Konfiguration (A) und als membranaufspannendes porenenbildendes Protein (B, C). Die α-Untereinheit des Kanals besteht aus vier homologen Einheiten, I bis IV, die in sechs Helices die Membran aufspannen, S1 – S6. P und CHO markieren Phosphorylierungsstellen und Stellen für eine N-Glykosylierung (A). Die vier Einheiten spannen eine Pore mit einem minimal notwendigen Durchmesser von 0,3 – 0,5 nm auf (B).

eigenschaften die Modulation von Ionenkanälen zur Erzeugung pharmakologischer Effekte, wie am Beispiel antiarrhythmischer und kardiotoner Wirkungen gezeigt wurde. Andererseits ist nicht zu übersehen, daß wir von einem molekularen Verständnis von Schaltvorgängen in Kanalproteinen trotz beglückender Techniken zur Beschreibung von Eigenschaften noch weit entfernt sind.

Mit dem Eindringen membranphysiologischer Grundlagenforschung in den molekularen Bereich werden aber mit Sicherheit weitere Tore aufgestoßen: 1. Es zeigt sich eine immer engere notwendige Verkoppelung physiologischer Grundlagenforschung mit Biochemie, Zell- und Molekularbiologie, Genetik und sicher in zunehmendem Maße mit Technologien und Entwicklungen in der Informationsverarbeitung. 2. Die Similarität der Eigenschaften von Kanalproteinen mit denen schneller elektronischer Schaltelemente ist evident. Modulations-, Gleichrichter- und Verstärkereigenschaften sind proteinal organisiert.

Diese Aspekte zu unterstreichen, soll abschließend ein Ausblick in die molekulare und submolekulare Ebene der Kanalanalyse erfolgen. Durch Techniken der Isolation und Clonierung von Genen, die Kanalproteine kodieren, sowie durch Expression funktioneller Ionenkanäle in meist noch transienten Systemen (Oocyten) sind jetzt Permeations- und Schalteigenschaften einer submolekularen Analyse zugänglich (z.B. Claudio 1986, Methfessel et al. 1986, Stühmer et al. 1987, Lester 1988). Na-Kanäle in den unterschiedlichsten erregbaren Geweben besitzen alle eine porenbildende α-Untereinheit, die ein Glycoproteid mit einem Molekulargewicht von etwa 260 kD ist. Das Protein besitzt den typischen Bauplan eines Vertreters der Familie „spannungsabhängiger“ Kanäle. Es besteht aus vier homologen Untereinheiten, die aus etwa 300 Aminosäuren (AS) gebildet werden und durch einen cytosolischen Linker verkoppelt sind. Jede der vier homologen Domänen besteht aus sechs hydrophoben (Segment 5 und 6) oder amphiphatischen (Segment 4 mit positiv, Segment 1 und 3 mit negativ, Segment 2 mit positiv und negativ geladenen Aminosäuren) membranaufspannenden Helices. Abbildung 14 zeigt eine schematische Darstellung des Na-Kanalproteins. Na-Kanäle aus Warmblüter-Gehirngewebe haben zwei weitere Untereinheiten mit Molekulargewichten von 36 kD (β_1) und 33 kD (β_2). Skelettmuskel-Na-Kanäle besitzen eine $\alpha - \beta_1$ Struktur, Na-Kanäle vom elektrischen Aal und wahrscheinlich auch der hier vorgestellte kardiale Na-Kanal besitzen eine α-Struktur. Das porenformende Zentrum des Proteins wird aus den vier amphiphatischen α-Helices des Segmentes 2 mit negativ geladenen Glu^- und Asp^- gebildet. Die hydrophilen Oberflächen von S2 bilden den kationenselektiven Kanal (Numa und Noda 1986). Scheinbar reicht schon eine Struktur von 21 AS zur Porenbildung aus. In anderen Strukturmodellen gibt es Hinweise, daß zwei membranassoziierte Segmente S7 und S8 aus der C-terminalen Hälfte der extrazellulären AS-Schleife zwischen S4 und S5 (Abb. 14) gebildet werden (Greenblatt et al. 1985). S7 und S4 bilden in diesem Modell den Kanal und besitzen auch die permeabilitätsregulierende Bindungsstelle für Na und Ca (siehe Kapitel 2). Die Kanalpermeation scheint darüber hinaus durch negativ geladene Sialsäurereste am extrazellulären Kanaleingang reguliert zu werden. Damit ist am Kanalmolekül erstmalig ein Hinweis erhalten, wo die funktionell wichtige

Permeations- und Selektionskontrolle des Kanals erfolgt. Besonderes Interesse verdienen Untersuchungen an anderen spannungsabhängigen Kanälen (K^+-Kanäle, Timpe et al. 1988), die zeigen, daß schon eine Domäne einen Kanal geringerer Leitfähigkeit bilden kann. In eigenen Experimenten wurde gezeigt, daß der Na-Kanal verschiedene Leitfähigkeitszustände besitzt (sog. „substates", Nilius et al. 1989b). Dieses Ergebnis könnte darauf hindeuten, daß Na-Kanäle durch eine Art Clusterbildung der Domänen unterschiedlich leitende Kanalporen bilden.

Die molekulare Determinierung der Schalteigenschaften des Na-Kanalproteins, die im Paragraphen 2 vorgestellt wurden, scheint an Segment S4 (Abb. 13) gekoppelt zu sein. Dieses Segment hat eine unitäre Struktur von 4–6 Triplets in jeder Domäne, bestehend aus ($X-X-Y^+$), wobei X für eine hydrophobe, Y für Arg oder Lys steht, die positiv geladen sind. Damit ist S4 ein positiv geladener Abschnitt im Kanalprotein, der als Spannungssensor dient. Arg und Lys bilden Paare mit negativ geladenen AS der Segmente S1, S2 und S3, dadurch wird die Proteinkonformation energetisch stabilisiert. Durch eine Positivierung des Membranpotentials (Depolarisation, siehe Paragraph 2) wird S4 schraubenförmig nach außen zu verschoben, dabei wird ein Ladungstransfer von 4–6 Elementarladungen von innen nach außen erzeugt. Diese intramolekulare Helixverschiebung scheint das eigentliche Schaltsignal für den Kanal zu sein (Catterall 1988). In verschiedenen Laboratorien werden zur Zeit mittels „site-directed" veränderten Kanalproteinmutanten Hypothesen über den Schaltmechanismus getestet. Sehr interessant sind Experimente (W. Stühmer, E. Neher, Max-Planck-Institut Göttingen, persönliche Mitteilung), die zeigen, daß eine Reduktion der Anzahl Arg, Lys AS in S4 nur in der Domäne 2 das Schaltverhalten beeinflußt, nicht aber in den Domänen 1, 3 und 4.

Eine funktionell besonders wichtige Eigenschaft war die rasche Inaktivation der Na-Ströme, die im Paragraphen 2 als ein spannungsabhängiger Übergang in einen absorbierenden Zustand beschrieben wurde. Diese Eigenschaft ist für schnelle Codierungsvorgänge, für die wichtige Funktion der Refraktärität, für einen gerichteten Informationstransfer verantwortlich. Die funktionellen Untersuchungen ergaben, daß Inaktivation nicht unabhängig von Aktivation erfolgt (0–1 Übergang, Abb. 8). Im Kanalprotein sind sicher folgende Stellen für diesen eminent wichtigen Vorgang verantwortlich: der Linker zwischen Domäne 3 und Domäne 4 scheint die für Inaktivation benötigte Stelle zu sein. Ein Kanalprotein mit unterbrochenem Linker an dieser Stelle, aber aus vier Untereinheiten bestehend, zeigt einen Inaktivationverlust, ähnlich den Schalteigenschaften im „Burst" Modus, der ausführlich beschrieben wurde (W. Stühmer, E. Neher persönliche Mitteilung). Es ist daher von besonderem Interesse, ob temporäre funktionelle Entkoppelung zwischen Domäne 3 und 4 die selten, pharmakologisch aber provozierbaren, Burst-Öffnungen von Na-Kanälen hervorrufen können. Der Linker zwischen dritter und vierter Domäne sowie das Segment S4 ist die Proteinstruktur, die mit extrem hoher Homologie in allen spannungsabhängigen Kanalproteinen auftritt. Zwei weitere Stellen könne Inaktivation beeinflussen: In der Domäne 1 ist die extrazelluläre Schleife zwischen S5 und S6 die Bindungsstelle für α-Scorpiontoxin, welches die Inaktivation aufhebt (Bindungsstelle 2 für Neurotoxine).

Eine dritte Stelle im Protein sind Serin-Residuen, die durch A- und C-Proteinkinasen phosphoryliert werden können. Durch diese Phosphorylierung scheint an Na-Kanälen eine Akzelleration der Inaktivation zustande zukommen (Sigl und Baur 1988). Die Komplexität der Inaktivation als funktionell kritischer Stelle wird durch weitere Befunde unterstrichen, die darauf hinweisen, daß sicher mehrere mRNA die Inaktivation kontrollieren, ein Befund der für die Interferenz der erwähnten β-Untereinheiten in verschiedenen erregbaren Geweben mit der Inaktivation spricht (Krafte et al. 1988).

In Paragraph 3 wurden neuere Aspekte der Na-Kanalmodulation besprochen. Es scheinen am Kanalprotein mindestens 6 Bindingsstellen zu existieren, deren direkte Okkupation mit spezifischen Liganden zu komplexen Kanalmodulationen führen kann (siehe Catterall 1987 für eine Übersicht). Stelle 6 scheint eine Rezeptorstelle für Lokalanästhetika zu sein, deren Lokalisation im Protein unklar ist.

Experimentelle Arbeit an Na-Kanalproteinen mittels der patch-clamp Technik hat einen detaillierten Einblick in molekulare funktionelle Eigenschaften von Ionenkanälen vermittelt. Ein eindrucksvoller Erkenntnisgewinn hat sich dadurch in den letzten fünf Jahren ergeben, an dem die gezeigten Ergebnisse partizipieren. Trotz dieses ungemein raschen Fortschrittes sind wir von einem wirklichen Verständnis von Permeations- und Schalteigenschaften von Ionenkanälen hinsichtlich der Molekülstruktur noch weit entfernt. Die zunehmend notwendige Verschmelzung und Kombination elektrophysiologischer Methoden mit denen der Proteinbiochemie, Zell- und Molekularbiologie läßt wichtige Erkenntnisse erhoffen, die mit Sicherheit auch in Gebiete technologisch nutzbarer neuartiger proteinaler Bausteine in informationverarbeitenden Systemen einmünden werden.

Literatur

Aldrich, R. W., Corey D. P., Stevens C. F.: A reinterpretation of mammalian sodium channel gating based on single channel recording. Nature 306, 436–441, 1983

Bernstein, J.: Ueber den zeitlichen Verlauf der negativen Schwankung des Nervenstromes. Pflügers Archiv ges. Physiol. 1, 173–207, 1868

Bernstein, J.: „Untersuchungen über den Erregungsvorgang in Nerven- und Muskelsystemen". Heidelberg, Carl Winters Universitätsbuchhandlung, 1871

Blatz, A. L., Magleby, K. L.: Quantitative description of three modes of activity of fast chloride channels from rat skeletal muscle. J. Physiol. (Lond.) 378, 141–174, 1986

Carmeliet, E., Nilius, B., Vereecke J.: Properties of the block of single Na channels in guineapig ventricular myocytes by the local anaesthetic Penticainide. J. Physiol. (Lond.), in the press, 1988

Catterall, W. A.: Common modes of drug action on Na channels: local anestetics, antiarythmics and anticonvulsants. Trends in Pharmacol. Sci, 8, 57–65, 1987

Catterall, W. A.: Structure and function of voltagesensitive oion channels. Science 242, 50–61, 1988

Claudio, T.: Recombinant DNA technology in the study of ionic channels. Trends in Pharmacol. 1 Sci. 6, 308–312, 1986

Greenblatt, R. E., Blatt, Y., Montal, M.: The structure of the voltage-sensitive sodium channel FEBS Letters 193, 125–143, 1985
Hamill, O. P., Marty, A., Neher, E., Sakmann, B. Sigworth, F. J.: Improved patch clamp techniques for high-resolution current recording from cells and cell-free membrane patches. Pflügers Arch., 391, 85–100, 1981
Hess, P., Lansman, J. B., Tsien, R. W.: Different modes of Ca channel gating favoured by dihydropyridine Ca agonists and antagonists. Nature 311, 538–544, 1984
Hille, B.: "Ionic channels in excitable membranes" Sinauer Associates Inc., Sunderland, 1984
Horn, R., Vandenberg, C. A.: Statistical properties of single sodium channels. J. gen. Physiol 84, 505–534, 1984
Horn, R., Vandenberg, C. A., Lange, K. Statistical analysis of single sodium channels. Effects of N-bromoaceteamid. Biophys. J. (New York) 45, 323–335, 1984
Krafte, D. S., Snutch, T. P., Leonhard, J. P., Davidson, N., Lester, H. A.: Evidence for the involvement of more than one mRNA species in controlling the inactivation process of rat and rabbit brain Na channels expressed in Xenopus oocytes. J. Neurosciences 8, 2859–2868, 1988
Kunze, D. L., Lacerda, A. E., Wilson, D. L., Brown, A. M.: Cardiac Na currents and inactivating, reopening, and waiting properties of single cardiac Na channels. J. Gen. Physiol. 86, 671–719, 1985
Lester, H.: Heterologous expression of excitability proteins: route to more specific drugs. Science 241, 1057–1063, 1988
Methfessel, C., Witzemann, V., Takahashi, T., Mishina, M., Numa S., Sakmann, B.: Patch clamp measurements on Xenopus laevis oocytes: currents through enogenous channels and implanted acetylcholine receptor and sodium channels. Pflügers Arch. 407, 577–588, 1986
Nilius, B., Hess, P., Lansman, J. B., Tsien, R. W.: A novel type of cardiac calcium channel in ventricular cells. Nature 316, 443–446, 1985
Nilius, B.: Possible functional significace of a novel type of cardiac Ca channel. Biomed. Biochim. Acta 45, K37–K45, 1986
Nilius, B., Boldt, W., Benndorf, K.: Properties of aconitine-modified Na channels in single cells of ventricular mouse myocardium. Gen. Physiol. Biophys. 5, 473–482, 1986a
Nilius, B., Benndorf, K., Markwardt, F.: Modified gating behaviour of aconitine-treated single sodium channels from adult cardiac myocytes. Pflügers Arch. 407, 640–643, 1986b
Nilius, B., Hess, P., Lansman, J. B., Tsien, R. W.: Two types of Ca channels in isolated ventricular cells from guinea pig heart. Progress in Zoology 33, 75–82, 1986c
Nilius, B., Benndorf, K., Markwardt, F.: Effects of lidocaine on single cardiac sodium channels. J. Mol. Cell. Cardiol. 19, 865–874, 1987a
Nilius, B., Benndorf, K., Markwardt, F., Franke, T.: Modulation of single cardiac sodium channels by DPI 201–106. Gen. Physiol. Biophys. 6, 409–424, 1987b
Nilius, B.: Block by Ca of single cardiac Na channels from the guinea pig heart. J. Physiol. (Lond.) 390, 79P, 1987a
Nilius, B.: Modal gating behaviour of single sodium channels from the guinea pig heart. Biomed. biochim. Acta 46, 662–667, 1987
Nilius, B., Marinov, B. S.: Current-dependent gating of single cardiac sodium channels? Gen. Physiol. Biophys. 6, 655–658, 1987
Nilius, B., Vereecke, J., Carmeliet, E.: Sideness of block by the localanaesthetic Penticainide of single cardiac Na channels. Pflügers Arch. 411 (Suppl. 1), R 19, 1988

Nilius, B.: Calcium block of guinea-pig heart sodium channels with and without modification by the piperazinylindol DPI 201 – 106. J. Physiol. (Lond.) 399, 537 – 558, 1988a
Nilius, B.: Modal gating behaviour of cardiac sodium channels in cell-free membrane patches. Biopysical J. (New York) 53, 857 – 862, 1988 b
Nilius, R.: Mechanismen der herztoxischen Wirkung des Alkaloids Aconitin. In „Beiträge aus der toxikologischen Forschung", ed. P. Hoffmann, Halle 1988c, S. 3 – 14
Nilius, B., Vereecke, J., Carmeliet, E.: Properties of the bursting Na channel in the presence of DPI 201 – 106 in guinea-pig ventricular myocytes. Pflügers Arch. 413, 234 – 241, 1989a
Nilius, B., Vereecke, J., Carmeliet, E.: Different conductance states of the bursting Na channel in guinea-pig ventricular myocytes. Pffügers Arch. 413, 242 – 248, 1989b
Nilius, B.: Functional properties of single cardiac sodium channels. Proc. Royal Acad. Med. (Belgium), in the press, 1989
Numa, S., Noda, M.: Molecular structure of sodium channels. Ann. New York Acad. Sci. 479, 338 – 355, 198
Patlak, J. B., Ortiz, M.: Two modes of gating during late Na channel currents in frog sartorius muscle. J. Gen. Physiol. 87, 305 – 326, 1986
Sakmann, B., Neher, E.: "Single channel recording". New York: Plenum Press, 1983
Sigl, E., Baur, R.: Avtivation of protein kinase C differentially modulates neuronal Na^+, Ca^{++}, and aminobutyrate type A channels. Proc. Natl. Acad. Sci. (USA) 85, 6192 – 6196, 1988
Stevens, Ch. F.: Channel families in the brain. Nature 328, 198 – 199, 1987
Stühmer, M., Methfessel, C., Sakmann, B., Noda, M., Numa, S.: Patch clamp characterization of sodium channels expressed from rat brain. Eur. Biophys. J. 14, 131 – 138, 1987
Swed, F. S., Eisenhart, C.: Tables for testing randomness of grouping in asequence of alternatives. Annu. Math. Statistics 14, 66 – 87, 1943.
Timpe, L. C., Schwarz, T. L., Tempel, B. L., Papzian, D. M., Jan Y. N., Jan, L. Y.: Expression of functional potassium channels from Shaker cDNA in Xenopus oocytes. Nature 331, 143 – 145, 1988
Tsien, R. W., Bean, B. P., Héss, P., Lansman, J. B., Nilius, B., Nowycky, M.: Mechanisms of calcium channel modulation by β-adrenergic agents and dihydro-pyridine calcium agonists. J. Mol. Cell Cardiol 18, 691 – 710, 1986
Tytgat, J., Nilius, B., Vereecke, J., Carmeliet, E.: The T-type Ca channel in guinea-pig ventricular myocytes is insensitive to isoproterenol. Pflügers Arch. 411, 704 – 706, 1988
Wald, A., Wolfowitz, J.: On a test whether two examples are from the same population. Annu. Math. Statistics 11, 147 – 162, 1940
Vandenberg, C. A., Horn, R.: Inactivation viewed through single sodium channels. Gen. Physiol. 84, 535 – 564, 1984

FSC
www.fsc.org
MIX
Papier | Fördert gute Waldnutzung
FSC® C083411

Kolibri 360 GmbH
Ferdinand-Jühlke-Straße 7
99095 Erfurt, Deutschland
produktsicherheit@kolibri360.de